Valentin Mdzinarishvili

Modelos do micromundo físico baseados na equação de Schrödinger

Valentin Mdzinarishvili

Modelos do micromundo físico baseados na equação de Schrödinger

ScienciaScripts

Cover image: www.ingimage.com

This book is a translation from the original published under ISBN 978-620-7-46788-4.

Publisher:
Sciencia Scripts
is a trademark of
Dodo Books Indian Ocean Ltd. and OmniScriptum S.R.L publishing group

120 High Road, East Finchley, London, N2 9ED, United Kingdom
Str. Armeneasca 28/1, office 1, Chisinau MD-2012, Republic of Moldova, Europe
Printed at: see last page
ISBN: 978-620-7-93652-6

Conteúdo

Introdução 2
§1 5
§2 10
§3 14
§4 17
§5 19
§6 22
§7 28
§8 31
§9 36
Portadores de interação 42
Resultados 43
Conclusão 46
REFERÊNCIAS 47

Introdução

É do conhecimento geral que a solução da Equação de Schrödinger estacionária permitiu obter resultados significativos em relação a processos que ocorrem no meso nível da matéria. Alguns cientistas chegaram à conclusão de que a Equação de Schrödinger foi criada para servir as ondas de Broglie: <histórica e logicamente, a Equação de Schrödinger originou-se como uma equação para as ondas de Broglie> [1].

O autor deste trabalho acredita que a Equação de Schrödinger tem o seu valor. A solução exacta da equação de Schrödinger não estacionária, que foi adiada indefinidamente, esconde modelos muito importantes do microcosmos físico. Este artigo mostra que a solução exacta de uma equação não estacionária permite obter uma nova classe de modelos matemáticos que descrevem adequadamente o comportamento das partículas elementares ao nível micro da matéria. Isto prova que a solução exacta da equação de Schrödinger não estacionária tem o seu próprio valor.

Alguns dados sobre problemas de otimização de Euler-Lagrange e Hamilton

E. Schrödinger foi o primeiro a expressar a ideia sobre a existência de propriedades óptimas das partículas elementares, quando estava a escrever a sua equação para as partículas do microcosmo físico usando a função Hamiltoniana. Depois de estabelecer a adequação da modelação por meio da equação dos processos estacionários do microcosmo, tornou-se claro que o microcosmo é a organização da base dos princípios óptimos. No entanto, existia a solução da equação de Schrödinger

A equação não permitia modelar a função de onda das partículas elementares ao nível micro. O presente trabalho resolveu esse problema: os resultados obtidos permitem modelar a função de onda das partículas elementares existentes no micro-nível.

Vamos agora definir a essência do princípio de otimização que prevalece no microcosmo físico. De acordo com esse princípio, sob a ação de forças conservativas, qualquer sistema dinâmico move-se de forma a minimizar o valor médio temporal da diferença entre as energias cinética e potencial, ou seja

$$\delta\int_{t_1}^{t_2}(T-V)dt=0 \qquad (0.1^*)$$

ou tendo em conta a equação (0.1^*), podemos escrever

$$\int_{t_1}^{t_2}\delta L dt=0, \qquad (0.2^*)$$

em que $T(q,p)$ - energia cinética, $V(q)$ - potencial energia, $L(q,p)$ - função de Lagrange, q - generalizada coordenada, $p = q$ impulso generalizado.

A variação da função de Lagrange no integrando

$$\int_{t_1}^{t_2}\delta L dt=\int_{t_1}^{t_2}\frac{\partial L}{\partial p}\delta p dt+\int_{t_1}^{t_2}\frac{\partial L}{\partial q}\delta q dt=\int_{t_1}^{t_2}\frac{\partial L}{\partial q}\delta q dt+\frac{\partial L}{\partial p}\delta q\Big|_{t_2}^{t_1}-\int_{t_1}^{t_2}\frac{d}{dt}\left(\frac{\partial L}{\partial p}\right)\delta q dt=$$

$$=\int_{t_1}^{t_2}\left[\frac{\partial L}{\partial q}-\frac{d}{dt}\left(\frac{\partial L}{\partial p}\right)\right]\delta q dt=0.$$

Na última expressão, assume-se que $\delta q = 0$ para $t_1 = t$ e $_{12}=t$.

Como o número de coordenadas generalizadas q é igual ao número de graus de liberdade e como δq não depende do tempo, esta última igualdade é satisfeita se a expressão entre parênteses rectos for igual a zero, ou seja

$$0=\frac{d}{dt}\frac{\partial L}{\partial \dot{q}}-\frac{\partial L}{\partial q}\equiv\frac{dp}{dt}+\frac{\partial H}{\partial q}=0\Rightarrow \dot{p}=-\frac{\partial H}{\partial q}, \quad (0.1)$$

$$0=\frac{d}{dt}\frac{\partial L}{\partial \dot{p}}-\frac{\partial L}{\partial p}\equiv 0-\dot{q}+\frac{\partial H}{\partial p}=0\Rightarrow \dot{q}=\frac{\partial H}{\partial p}, \quad (0.2)$$

onde $H = T + V$ é a função Hamiltoniana (Hamiltoniano). As expressões (0.1) e (0.2) mostram que as equações de Euler-Lagrange são equivalentes às equações de Hamilton, representando o lado direito (com respeito aos sinais de equivalência << ≡ >>) das expressões (0.1) e (0.2). *Schrödinger utilizou a função H de Hamilton como base para a síntese da sua equação.*

A solução da equação de Euler-Lagrange é um funcional. Este facto determina a existência de uma importante propriedade da equação de Euler-Lagrange de invariância a transformações arbitrárias de coordenadas.

Os princípios de otimização desta equação implicam não só a propriedade de invariância, mas também a possibilidade de aspectos contínuos e discretos da modelação do sistema.

É de notar que a equação de Euler-Lagrange não pertence apenas à física, como referido em [3], mas é propriedade de qualquer domínio económico ou científico nacional para resolver problemas de otimização aplicados.

§1

Extensão do conceito de estado em relação ao sistema de observação

Do ponto de vista da optimalidade, o conceito de integridade de um sistema dinâmico, ou seja, a sua indivisibilidade em subsistemas separados, é muito importante. É conveniente interpretar a propriedade de integridade em termos de observações (medições).

Seja o sistema de observação dado por equações escalares:

$$\dot{x} = -\alpha x + \xi(t), \qquad (1)$$

$$y = x + \varsigma(t) \qquad (2)$$

do objeto (1) e do canal de observação (2). Nas expressões (1) e (2) $\xi(t)$ e $\varsigma(t)$ *são* processos aleatórios escalares do tipo ruído branco com as seguintes características estocásticas:

$$E[\xi(t)] = 0, \quad E[\xi(t)\xi(t')] = \rho\delta(t-t'),$$

$$E[\varsigma(t)\varsigma(t')] = r\delta(t-t'), \quad E[\varsigma(t)] = 0,$$

onde E é o operador de expetativa matemática, δ - função de Dirac

, os parâmetros α*, p, r* são constantes; os processos ξ e ς não estão correlacionados.

E as seguintes designações:

$E\left[x(0)\right] = 0,\ E\left[x^2(0)\right] = v_0,\ v = E\left[\left(\hat{x} - x\right)^2\right],$ em que x^ denota a estimativa condicional da variável x , obtida pelo método dos mínimos quadrados, e v é a dispersão da variável x . Neste caso, a equação para a dispersãov será dada por [2]:

v = -2av-(1/r)v^2+p, $v(0) = v_0$.[1] (3)

[1] A equação (3), em que o termo constante é igual a zero, ou seja, $p = 0$, é

A expressão (3) é a forma escalar da equação de Riccati. O lado direito da equação (3) pode ser escrito como um soliton [3]

$$\frac{dv}{dt} = -A\,\text{sech}^2(\beta^* t - \phi). \quad (6)$$

As soluções solitárias dos sistemas dinâmicos de integridade têm uma propriedade importante. Esta propriedade reside na optimalidade da solução solitária da equação de Riccati (3). A solução geral

da equação (3) tem a seguinte forma [2]:

$$v = v_1 + \frac{v_1 + v_2}{\left[(v_0 + v_2)/(v_0 - v_1)\right] e^{2\beta^* t} - 1}, \quad (3a)$$

onde

$$\beta^* = \sqrt{\alpha^2 + \rho / r}, \quad (7)$$

$$v_1 = r\left(\beta^* - \alpha\right), \quad (8)$$

$$v_2 = r\left(\beta^* + \alpha\right), \quad (9)$$

$$\phi = \ln\left(\sqrt{c}\right)^{-1}, \quad c = \frac{v_2 + v_0}{v_1 - v_0}, \quad v_1 > v_0, \quad A = D\beta^*, \quad D = \frac{v_1 + v_2}{2\sqrt{c}}$$

---

designada por equação de Riccati.

e v_0 é o valor de dispersão *vno* momento inicial do tempo^t 0 = 0, ou seja, Vo = v (0).

Finalmente, a solução da equação (4) permite-nos determinar a dispersão

$$v = -A\int_{t_0}^{t} \operatorname{sech}^2\left[\beta^*(t'-t_0)-\phi\right]dt'. \tag{10}$$

A representação do sistema de observação (medição) sob a forma de objeto (1) e canal de observação (2) é formal. Em condições naturais, o sistema de observação é uma formação de integridade; não pode ser dividido num objeto (1) e num canal de observação (2). canal de observação (2). O canal de observação (2) é uma parte integrante do objeto de observação (1). A representação de um sistema de observação real sob a forma das expressões (1) e (2) é adequada para o processamento matemático dos resultados de observações indirectas. A classe dos sistemas dinâmicos de integridade inclui os sistemas modelados simulados pelas seguintes equações de Riccati:

$$\dot{z} = mz(n-z), \quad z(t_0) = z_0, \tag{11a}$$

$$\dot{z} = -mz(n-z), \quad z(t_0) = z_0. \tag{11b}$$

A solução das equações (11a) e (11b) é dada por:

$$z = \frac{1}{4}n^2 m\int_{t_0}^{t} \operatorname{sech}^2\left[\frac{1}{2}mn(t-t_0)\right]dt, \tag{12a}$$

$$z = -\frac{1}{4}n^2 m\int_{t_0}^{t} \operatorname{sech}^2\left[\frac{1}{2}mn(t'-t_0')\right]dt'. \tag{12b}$$

Da propriedade de paridade do solitão resulta que o *parâmetro* pode ter sinais positivos e negativos nas soluções

(12a) e (12b). Note-se que as equações (11a) e (11b) são as formas particulares da equação (3).

As soluções dos sistemas dinâmicos de integridade (10), (12a), (12b) têm a propriedade dissipativa. As funções dissipativas não são invertíveis em relação ao argumento correspondente. As funções conservativas são invertíveis; a sua segunda derivada em relação ao argumento não inverte o sinal.

A derivada temporal t de ambos os lados da solução (3a) é a equação diferencial do solitão (4), cuja solução (10) satisfaz as equações de otimização de Euler-Lagrange. É fácil verificar que as funções $L = L\ (v)$ e $L = L\ (z)$ (ver (10), (12a), (12b)) satisfazem as equações de Euler-Lagrange (0.1) e (0.2). O facto de o funcional L satisfazer a equação de Euler-Lagrange significa que a variância é nula $v = E\left[(\hat{x}-x)^2\right] = 0$, onde $\hat{x} = E[x/y]$, , ou seja, o objeto (1) e o canal de observação (2) representam um todo: o sistema (1), (2) é de integridade. *Assim, as soluções solitárias dos sistemas dinâmicos de integridade têm as seguintes propriedades importantes:*

1. Estas satisfazem as equações de otimização de Euler-Lagrange.

2. São funções dissipativas no tempo, ou seja, estas funções são irreversíveis no tempo.

3. Não permitem representar separadamente as equações do objeto e do canal de observação.

Além disso, a solução para o problema da modelação matemática da dispersão da partícula elementar é dada ao nível micro da matéria com essas propriedades.

* As denotações p e r dadas acima são independentes das dadas abaixo.

§2

A Análise das Equações de Schrödinger e da Mecânica Estocástica

Em meados dos anos vinte do século passado, o físico austríaco Erwin Schrödinger utilizou a hipótese da analogia ótico-mecânica de de Broglie para o comportamento das micropartículas e baseou-se no princípio de otimização de Hamilton,

sintetizou a equação-chave da mecânica quântica que tem o seu nome:

$$j\varepsilon\frac{\partial\Psi}{\partial t}=-\frac{1}{2}\varepsilon^2\frac{\partial^2\Psi}{\partial x^2}+\left(\frac{U(x)}{m}\right)\Psi, \qquad (5)$$

onde *j ^J^1, ε = ħ / m, ħ* = 1,05459 ·10[34] *J· s* é a constante de Planck dividida por 2π' , Ψ, a função de onda da partícula a ser encontrada, *U (x)* a energia potencial da partícula com massa *m* e coordenada *x*.

A equação de Schrödinger é extraordinária. A natureza extraordinária da equação reside no facto de pertencer simultaneamente a dois níveis da matéria, em parte ao micro-nível (o lado esquerdo do sinal de igual "=") e ao meso-nível (o lado direito); o meso-nível da matéria está entre o micro-nível e o macro-nível.

A solução da equação de Schrödinger pode ser encontrada de três maneiras.

O primeiro método é utilizado para resolver a equação não-estacionária (5). A segunda é utilizada para resolver a equação estacionária, ou seja, para Ψ = 0. Este método foi utilizado pelo próprio Schrödinger. Finalmente, o terceiro modo de solução utiliza a função próxima de uma função generalizada.[2] Este último método, aplicado pelo autor para a solução da equação (5), permite obter a função de onda de uma partícula elementar ao nível micro. Neste caso, a equação de Schrödinger pertence inteiramente ao lado esquerdo do plano em relação ao sinal de igual "=".

Considere as soluções da equação de Schrödinger em três níveis da matéria separadamente.

1) Introduzir as denotaçõesψ{x,*t)* = *ψ(xt)*3. Nesse caso, a equação (5) pode ser escrita da seguinte forma

$$-j\varepsilon\frac{1}{\varphi}\frac{\partial\varphi}{\partial t}=\frac{1}{2}\varepsilon^2\frac{1}{\psi}\frac{\partial^2\psi}{\partial x^2}-\frac{U(x)}{m}. \qquad (6)$$

Uma vez que o lado esquerdo da equação (6) é a função do tempo e o lado direito é a função das coordenadas, a equação (6) é satisfeita se e somente se ambas as partes forem iguais a um valor constante [1]. Denotamos este valor constante por *W/m*,

em que *W* é a energia total da partícula. Quando a condição acima é satisfeita, a equação (6) divide-se em duas equações

$$j\varepsilon\frac{1}{\varphi}\frac{\partial\varphi}{\partial t}=\frac{W}{m},$$

$$\frac{\partial^2\psi}{\partial x^2}+2\frac{1}{\varepsilon^2 m}(W-U)\psi=0. \qquad (13)$$

Assim, a solução da equação não-estacionária (5) não tem valor prático;

2) Schrödinger resolveu a equação estacionária (13) {ψ = 0)

---

[2]A função próxima de uma função generalizada será doravante designada por função generalizada algoritmicamente realizável normalizada (ARGF).

[3]Esta abordagem é válida se a energia potencial da partícula não depender do tempo.

aplicada ao átomo de hidrogénio (usando um sistema de coordenadas esféricas) e obteve um espetro para os valores próprios da energia que coincide com os dados experimentais bem conhecidos. Isto mostrou que a equação estacionária (13) descreve corretamente o movimento do eletrão no campo potencial elétrico. Por conseguinte, a equação (13) foi considerada como a equação básica dos estados estacionários da mecânica quântica;

3) A equação de Schrödinger transferida para o micro-nível não foi obtida nem por Schrödinger nem por outros cientistas. Neste trabalho, a solução da Equação de Schrödinger é transferida para o micro-nível da matéria.

Esta abordagem à solução da equação de Schrödinger permitirá resolver uma série de problemas até agora conhecidos por considerações heurísticas.

Para passar da solução da equação contínua (5) para a solução da equação transferida para o nível micro, é necessário utilizar o sistema de equações da mecânica estocástica transferido para o nível micro com a ajuda do ARGF [4]. O ARGF é considerado para transferir dispersões e difusões de áreas reais para áreas imaginárias.

O sistema de equações da mecânica estocástica tem a seguinte forma:

$$\frac{\partial P}{\partial t} + \Delta \cdot (Pv) = 0, \tag{14}$$

$$\frac{\partial v}{\partial t} + (v \cdot \Delta) v = \frac{F}{m} + (u \cdot \Delta) u - \frac{1}{2} \varepsilon \Delta^2 u, \tag{15}$$

$$Pu = -\frac{1}{2} \varepsilon \Delta P, \tag{16}$$

em quevandu são vectores unidimensionais de dispersão real e difusão da partícula elementar; $\Delta = \frac{\partial}{\partial x}$, unidimensional operador vetorial; $F = \frac{dU}{dx}$, o gradiente do campo U, ou seja, $F = gradU$; do ponto "." denota o produto escalar.

Como neste caso o ângulo entre os vectores é igual a 0 graus, o ponto nas equações (14) e (15) pode ser omitido, ou seja, o produto escalar pode ser substituído pelo produto ordinário.

A equação (16) pode ser escrita da seguinte forma:

$$u = -\frac{1}{2}\varepsilon\left(\ln P\right)'_x = -\frac{1}{2}\varepsilon\frac{\Delta P}{P}, \qquad (16a)$$

em que (ln *P) x* é a taxa de variação da densidade de probabilidade contínua *P* do processo aleatório real de difusão com coeficiente $-\frac{1}{2}\varepsilon$

Além disso, são utilizadas as equações (14)-(16) já transferidas para o micro-nível da matéria. E a fórmula (16a) é utilizada para transferir a difusão *u* para o micro-nível da matéria.

§3

Considerações Gerais para a Transferência da Solução da Equação de Schrödinger Mapeada para o Micro-nível da Matéria

É sabido que a função de onda de uma partícula elementar que satisfaz a Equação de Schrödinger (5) pode ser dada por:

$$\Psi = \sqrt{P} \exp\left\{ \frac{j}{\varepsilon} \int v dx \right\}. \qquad (17)$$

Substituindo a função de onda (17) na equação (5), tendo em conta a equação (16), teremos a relação diferencial

$$-j\varepsilon\Delta\Psi = (v + ju)\Psi.$$

A partir desta relação podemos passar à função de onda que é solução da equação de Schrödinger não estacionária

$$\Psi(x,t) = e^{\frac{j}{\varepsilon}\int_{\tau_0}^{\tau} v(x,t)dx - \frac{1}{\varepsilon}\int_{\tau_0}^{\tau} u(x,t)dx}, \qquad (18)$$

em que τ_0 é o tempo muito pequeno mas diferente de zero, ou seja, $\tau_0 \neq 0$.

O papel da ARGF é, juntamente com as equações da mecânica estocástica, transferir a função de dispersão real v e a função de difusão u para a classe das funções imaginárias. Esta transferência permite transformar a função de onda real Ψ numa função de onda imaginária e, consequentemente, obter uma solução para a Equação de Schrödinger ao nível micro da matéria [6,7].

A transformada de Laplace da ARGF é dada por $\frac{1}{s} th\left(\frac{\tau_0 s}{2}\right)$, em que $5 = \sigma + j\omega$, $\tau_0 = const.$

Se utilizarmos o símbolo $<< \xrightarrow[\square]{\square} >>$ de correspondência entre a transformada de Laplace e o seu original, então será possível determinar a ARGF no domínio do tempo:

$$\frac{1}{s} th\left(\frac{\tau_0 s}{2}\right) \xrightarrow[\square]{\square} (-1)^{n-1}, \quad n-1 < \frac{t}{\tau_0} < n, \qquad (19)$$

em que s é a hora atual, n }1,2,...

Para além da fórmula (19), o ARGF também pode ser definido através da utilização do operador da transformada inversa de Laplace Λ}1 :

$$L^{-1}\left\{\frac{1}{s} th\left(\frac{\tau_0 s}{2}\right)\right\} = (-1)^{n-1}, \quad n-1 < \frac{t}{\tau_0} < n. \qquad (20)$$

Se na fórmula (20) tivermos em consideração a igualdade -1 = $e^{\pi j 2k+1}$), k = 0,1,2,..., então a última expressão será escrita da seguinte forma:

$$L^{-1}\left\{\frac{1}{s} th\left(\frac{\tau_0 s}{2}\right)\right\} = e^{\pi j(2k+1)(n-1)\tau_0}, \quad (n-1)\tau_0 \le t < n\tau_0 \text{ for.} n \gg 1. \ (21)$$

Introduzir a designação:

$$\tau = n\tau_0 = x. \qquad (22)$$

Claramente, t = 0 se n = 1. Se(n -1)τ_0 = t, de acordo com (21) para

n = 2,3,... teremos

$$L^{-1}\left\{\frac{1}{s} th\left(\frac{\tau_0 s}{2}\right)\right\} = e^{\pi j(2k+1)t}. \qquad (23)$$

Introduzamos a função de distribuição de um processo de difusão aleatório imaginário, definindo a função pelo lado direito da expressão (23). A função de densidade P (j, x, t, k)

da distribuição de probabilidade de um processo de difusão aleatório imaginário será então encontrada de acordo com a expressão

$$\left(L^{-1}\left\{\frac{1}{s}th\left(\frac{\tau_0 s}{2}\right)\right\}\right)'_t = \pi j(2k+1)e^{\pi j(2k+1)t} \equiv P(j,x,t,k).$$

(24)

Além disso, usamos a função de onda de apenas um processo de difusão aleatório imaginário, ou seja, a solução $\Psi(j, x, t, k)$, da Equação de Schrödinger não estacionária, que é o mapeamento da solução (18) para o micro-nível da matéria:

$$\Psi(j,x,t,k) = e^{\frac{j}{\varepsilon}\int_{\tau_0}^{n\tau_0} v(j,x,t,k)dx - \frac{1}{\varepsilon}\int_{\tau_0}^{n\tau_0} u(j,k)dx}, \tag{18a}$$

em que v (J, x, t, k), dispersão de um processo de difusão aleatório imaginário mapeado ao nível micro. De acordo com a fórmula (18a), é necessário substituir a difusão u (J, k) na mesma. A difusão imaginária de uma partícula elementar é determinada pela fórmula (16a) transferida para o micro-nível da matéria. Para o efeito, utilizamos a função densidade P (J, x, t, k) de distribuição da probabilidade de um processo de difusão aleatório imaginário (24) tendo em conta as notações (22), (23):

$$u(j,k) = -\frac{\varepsilon}{2}\pi j(2k+1). \tag{25}$$

Pode ver-se em (25) que a difusão de um processo aleatório imaginário para um k concreto é constante.

§4

Obtenção da equação de dispersão para as partículas elementares mapeadas no micro-nível da matéria

No que se segue, assume-se em todo o lado que o sistema de equações da mecânica estocástica (14)-(16) consiste nas funções *P (J, x, t, k)*, *u (J, k)* e *v (J, x, t, k)* mapeadas[4] ao nível micro. Note-se que *P (j, x, t, k)* e *u (j, k)* já são conhecidas, pois são definidas pelas fórmulas (24) e (25). A função de difusão mapeada *u (j, k)* e a função de dispersão *v (j, x, t, k)* são utilizadas para as substituir na fórmula da função de onda mapeada (18a).

A sequência de operações matemáticas a seguir apresentada permite determinar a equação que satisfaz a dispersão mapeada *v (j, x, t, k)* .

Para encontrar a equação da dispersão *v* mapeada ao nível micro, substituímos a densidade *P (j, x, t, k)* determinada de acordo com (24) na equação (14)

$$-\pi^2\left(2k+1\right)^2 e^{\pi j(2k+1)t}-v\pi^2\left(2k+1\right)^2 e^{\pi j(2k+1)t}$$

$$=-\pi j\left(2k+1\right)e^{\pi j(2k+1)t}\frac{\partial v}{\partial x}\Big|:\pi j\left(2k+1\right)e^{\pi j(2k+1)t}.$$

Este último dá a equação diferencial

$$\frac{\partial v}{\partial x}=-\pi j\left(2k+1\right)\left(v+1\right). \qquad (26)$$

Se colocarmos o valor de difusão (25) na equação de Nelson (15) mapeada para o nível micro, teremos

---

[4]Além disso, em vez da expressão "transferir para", será utilizado o seu sinónimo "mapear para".

$$\frac{\partial v}{\partial t}+v\frac{\partial v}{\partial x}=\frac{F(x)}{m}. \qquad (27)$$

A solução conjunta das equações (26) e (27) conduz a 2 k +1 (k = 0,1,2,...) número de equações do tipo Riccati mapeadas para o nível micro $\partial v \partial t$

$$\frac{\partial v}{\partial t}=\pi j\left(2k+1\right)v+\pi j\left(2k+1\right)v^2+F(x)/m. \qquad (28)$$

Para um determinado k, a expressão (28) é a equação de Riccati escalar mapeada com coeficientes constantes.

Consideremos a equação (28) como a equação (3) mapeada para o micro-nível da matéria. Nesta reflexão, os parâmetros $-2\alpha,\ -\frac{1}{r},$ e p das equações (3) são mapeados para o parâmetro da equação (28), respetivamente. O processo de mapeamento pode ser representado esquematicamente da seguinte forma:

$$-2\alpha \text{ is mapped to } \pi j\left(2k+1\right), \qquad (29)$$

$$-\frac{1}{r} \text{ is mapped to } \pi j\left(2k+1\right), \qquad (30)$$

$$\rho \text{ is mapped to } F(x)/m. \qquad (31)$$

Assim, a solução conjunta das equações da mecânica estocástica mapeadas ao nível micro (14)-(16) permite obter a equação de Riccati (28) mapeada ao nível micro, satisfazendo a dispersão $v\ (j, x, t, k\ )$ da partícula elementar ao nível micro da matéria.

§5

Solução da Equação que Determina a Dispersão de Partículas Elementares no Micro-nível em Estado Estacionário

Se, em vez dos parâmetros $-2\alpha,\ -\frac{1}{r},$, e p, tomarmos em consideração os seus valores mapeados (29)-(31), então a estrutura da solução da equação (28) será a mesma (ver (3a)) que na solução da equação (3). Nesse caso, os parâmetros β, v_1 , v_2 são determinados tendo em conta os mapeamentos (29)-(31), de acordo com as fórmulas (7)-(9):

$$\beta(x) \equiv \beta(j,x,k) = \sqrt{-\frac{\pi^2}{4}(2k+1)^2 - j\pi(2k+1)\frac{F(x)}{m}}, \quad (32)$$

$$v_1(x) \equiv v_1(j,x,k) = \left[j\pi(2k+1)\right]^{-1}\left[\beta(x) - j\frac{\pi}{2}(2k+1)\right], \quad (33)$$

$$v_2(x) \equiv v_2(j,x,k) = \left[j\pi(2k+1)\right]^{-1}\left[\beta(x) + j\frac{\pi}{2}(2k+1)\right]. \quad (34)$$

Tomando em consideração os parâmetros acima referidos, a solução da equação de dispersão mapeada (28) para um determinado k será escrita do seguinte modo

$$v(j,x,t) = v_1(j,x) + \frac{v_1(x)+v_2(x)}{\frac{v_0(x)+v_2(x)}{v_0(x)-v_1(x)}e^{2\beta(x)t} - 1}, \quad (35)$$

onde $v_0\,(x) \equiv v\,(j, x,0)$ é a dispersão imaginária para $t = 0$. Sem perda de generalidade, na solução da equação (28), podemos assumir que $v_0 = 0$. Nesse caso, a solução do solitão da equação (28) será dada por

$$v(x,t) = -D(x)\beta(x)\int_0^\infty \operatorname{sech}^2\left[\beta(x)t - \phi(x)\right]dt, \quad (36)$$

$$D(x) = \frac{v_1(x)+v_2(x)}{2\sqrt{c}}, \; c = \frac{v_2(x)}{v_1(x)}, \; \phi(x) = \ln\left(\sqrt{c}\right)^{-1}$$

onde

O funcional que determina a dispersão $v\,(x,\,t)$ no intervalo de tempo $t \in (0,\,\infty)$ depende das coordenadas da partícula de forma complexa; portanto, a substituição da dispersão mapeada $v\,(x,\,t)$ na fórmula da função de onda (18a) complica muito o cálculo da função, tornando o cálculo praticamente impossível. No entanto, para determinar a dispersão $v\,(x,\,t)$ no caso estacionário, isto é, quando $t = \infty$ e no instante inicial quando $t = 0$, o cálculo da dispersão é possível.

De facto, para $t = \infty$, de acordo com a fórmula (35), temos $v\,(x) = v_1\,(x)$, e para $t = 0$, então de (35) recebemos $v_0\,(x) = 0$. Consequentemente, o cálculo do integral (36) no estado estacionário e no instante inicial será dado por

$$v\left(x, t =_0^\infty\right) \equiv v(x) = v_1(x) - 0 = v_1(x). \quad (37)$$

De acordo com a fórmula (33), a expressão (37) será escrita como

$$v(x) = v_1(x) = \left[j\pi(2k+1)\right]^{-1}\beta(x) - \frac{1}{2}. \quad (38)$$

Se na fórmula (32) retirarmos o termo $-\dfrac{\pi^2}{4}(2k+1)^2$ para o sinal de radical, então teremos

$$\beta(x) = j\frac{\pi}{2}(2k+1)\sqrt{1 + j\frac{4}{\pi m(2k+1)}F(x)}. \quad (39)$$

$+^{5\,6}\ \backslash^1 +^j /_9, \cdot_1 >.F(^x).$

Se na expressão (38) tivermos em consideração (39), obtemos[5]

$$\nu(x)=\frac{1}{2}\sqrt{1+j\aleph F(x)}-\frac{1}{2}=\frac{1}{2}\sqrt{1+j\chi(x)}-\frac{1}{2}, \qquad (40)$$

onde $\aleph=\dfrac{4}{\pi m(2k+1)}$, $\chi(x)=\aleph F(x)$

Tendo em conta a fórmula

$$\sqrt{1+j\chi}=\pm\left[\sqrt{\frac{r+1}{2}}+j\sqrt{\frac{r-1}{2}}\right],\quad r=\sqrt{1+\chi^2}, \qquad (41)$$

a expressão (39) será escrita como

$$\beta(x)=\pm\left[j\eta(x)-\gamma(x)\right],$$

onde $\eta(x)=\dfrac{\pi}{2}(2k+1)\sqrt{\dfrac{r+1}{2}}$, $\gamma(x)=\dfrac{\pi}{2}(2k+1)\sqrt{\dfrac{r-1}{2}}$.

---

[5]Se ambos os lados da fórmula (40) forem multiplicados pelas expressões conjugadas a essa fórmula, respetivamente, ou seja, a $\nu^*=\dfrac{1}{2}\left[\sqrt{1+j\chi(x)}-1\right]$, obtemos o quadrado da dispersão de uma partícula elementar ao nível micro

$$\nu^2=\frac{1}{4}\left[1+j\chi(x)-1\right]=\frac{j}{\pi m(2k+1)}F(x).$$

Assim, $\chi(x)=4\nu^2$ e, consequentemente, $r=\sqrt{1+\chi^2}=\sqrt{1+16\nu^4}$

2

§6

Obtenção de um modelo matemático de uma antipartícula

Em 1930, guiado por considerações físicas, P. Dirac previu a existência de antipartículas: a cada partícula elementar corresponde a sua antipartícula; o positrão é a antipartícula do eletrão. Todas as previsões sobre a existência de antipartículas foram confirmadas experimentalmente e foram descobertos os antiprotões, os antineutrões, etc.

A comprovação matemática deste fenómeno é de interesse. Para a confirmação matemática deste fenómeno, é razoável considerar a função de onda da partícula e da antipartícula ao nível micro da matéria. De acordo com a fórmula (18a), as operações matemáticas são efectuadas por ordem exponencial; a ordem exponencial será obtida, se tivermos em consideração as expressões (25) e (40) na fórmula (18a):

$$\frac{j}{2\varepsilon}\int_{\tau_0}^{n\tau_0}\sqrt{1+j\chi(x)}dx-\frac{j}{2\varepsilon}\int_{\tau_0}^{n\tau_0}dx+\frac{1}{2}j\pi(2k+1)\int_{\tau_0}^{n\tau_0}dx. \tag{42}$$

Representar a expressão $\sqrt{1+j\chi(x)}$ separadamente de acordo com a fórmula (41): os termos com o sinal positivo e com o sinal negativo serão considerados separadamente.

Primeiro, tomamos em consideração o sinal de mais (+) e depois o sinal de menos (-). Nesse caso, a expressão (42) será escrita em duas variantes:

$$\frac{jt}{2\varepsilon}\left\{\left[\sqrt{\frac{r+1}{2}}+j\sqrt{\frac{r-1}{2}}\right]-1\right\}+\frac{jt}{2}\pi(2k+1), \quad (43)$$

$$\frac{jt}{2\varepsilon}\left\{-\left[\sqrt{\frac{r+1}{2}}+j\sqrt{\frac{r-1}{2}}\right]-1\right\}+\frac{jt}{2}\pi(2k+1). \quad (44)$$

Além disso, assume-se que a partícula e a antipartícula estão numa energia potencial constante, isto é, $U = const$ e, consequentemente, $r = 1$.

De acordo com as expressões (43) e (44), a função de onda pode ser escrita como se segue:

$$\Psi_0=\left[e^{j\frac{\pi}{2}(2k+1)}\right]^t, \quad k=1,2,3,... \quad (45)$$

$$\Psi_{1,2}=\left\{e^{-j\left[\frac{1}{\varepsilon}-\frac{\pi}{2}(2k+1)\right]}\right\}^t. \quad (46)$$

Note-se que a função de onda (45) não contém a massa da partícula elementar, pelo que não será tida em consideração. A função de onda (46) contém tanto a função de onda da partícula como a função de onda da antipartícula. Se tivermos em conta a fórmula de Euler ($e^j = cos\, g + j \sin g$), então para obter a função de onda da antipartícula é necessário abrir os parêntesis da expressão $\frac{\pi}{2}(2k+1)$. Neste caso, os argumentos das funções sinusoidal e cosinusoidal consistirão em três somatórios $\varepsilon^{-1},\ \pi k,\ \frac{\pi}{2}$:

$$\Psi_1 = \left[e^{-j\left(\frac{1}{\varepsilon} - k\pi - \frac{\pi}{2}\right)} \right]^t = \left[\cos(A+B+C) + j\sin(A+B+C) \right]^t . \tag{47}$$

Para obter a função de onda da partícula não é necessário abrir os parêntesis da expressão $\frac{\pi}{2}(2k+1)$;

Nesse caso, os argumentos das funções sinusoidais e cossinusoidais consistirão em dois somatórios ε^{-1}, $\frac{\pi}{2}(2k+1)$:

$$\Psi_2 = \left\{ e^{-j\left[\frac{1}{\varepsilon} - \frac{\pi}{2}(2k+1)\right]} \right\}^t = \left[\cos(a+b) - j\sin(a+b) \right]^t , \tag{48}$$

Onde

$A = a = \frac{1}{\varepsilon}$, $B = -\pi k$, $C = -\frac{\pi}{2}$, $b = -\frac{\pi}{2}(2k+1)$, $k = 1,3,5,...$,

para a partícula e k = 0,2,4,..., para a antipartícula.

Para a antipartícula teremos

$$\cos(A+B+C) = \cos A \cos B \cos C - \sin A \sin B \cos C - sinA \cos B \sin C - \\ -\cos A \sin B \sin C = -\sin\left(\frac{1}{\varepsilon}\right), \tag{49}$$

$$\sin(A+B+C) = \sin A \cos B \cos C + \cos A \sin B \cos C + \cos A \cos B \sin C - \\ -\sin A \sin B \sin C = \cos\left(\frac{1}{\varepsilon}\right). \tag{50}$$

Para a partícula, teremos

$$\cos(a+b) = \cos a \cos b - \sin a \sin b = \sin\left(\frac{1}{\varepsilon}\right), \qquad (51)$$

$$\sin(a+b) = \sin a \cos b + \cos a \sin b = -\cos\left(\frac{1}{\varepsilon}\right). \qquad (52)$$

Consequentemente, a diferença entre a partícula e a antipartícula reduz-se ao grupo ou à ausência de grupo de somatórios πk e $\frac{\pi}{2}$.

Se considerarmos os resultados (51) e (52) na fórmula (48), tomando em consideração a fórmula de Moivre (cos g + j sin $g)^t$ = cos tg + j sin tg, obtemos a função de onda da partícula

$$\Psi_2 = \sin\left(\frac{t}{\varepsilon}\right) - j\cos\left(\frac{t}{\varepsilon}\right). \qquad (51a)$$

Se tomarmos em consideração os resultados (49) e (50) na fórmula (47) obtemos a função de onda da antipartícula

$$\Psi_1 = -\sin\left(\frac{t}{\varepsilon}\right) + j\cos\left(\frac{t}{\varepsilon}\right). \qquad (49a)$$

Tendo em conta a expressão (45) para o fotão, bem como as fórmulas (49a), (51a) e o expoente (42), a solução da equação de Schrödinger não estacionária toma a forma

$\Psi = \Psi 1 + \Psi 2 + \Psi 0.$

Consequentemente, temos a aniquilação

$_1 \Psi + \Psi 2 = 0.$

Tendo em conta a aniquilação, a solução da equação de Schrödinger não estacionária (5) será escrita da seguinte forma:

$$\Psi(t) = \Psi_0 \equiv e^{j\frac{\pi}{2}(2k+1)t}. \qquad (18b)$$

A solução resultante (18b) não faz sentido. Do lado esquerdo do sinal <=> existe uma função de onda Ψ (t) que muda com o tempo. Do lado direito do sinal <=> existe um fotão Ψ_0 - quantum de radiação electromagnética, dependente da unidade imaginária j . Para eliminar a unidade imaginária j é necessário utilizar o operador da transformada inversa de Laplace L^{-1} (ver a fórmula (20) em relação à fórmula

$$\frac{1}{s}th\left(\frac{\tau_0 s}{2}\right)$$

Para o efeito, imaginemos o fotão (45) na forma seguinte:

$$\Psi_0 \equiv e^{j\frac{\pi}{2}(2k+1)t} = (-1)^{\frac{t}{2}} = (-1)^{\frac{\tau_0}{2}(n-1)}, \quad n-1 < \frac{t}{\tau_0} < n,$$

em que $t = \tau_0\,(n-1)$, $n = 1,2,...$

Vamos introduzir a seguinte notação

$$\gamma(t) = L^{-1}\left\{\frac{1}{s}th\left(\frac{\tau_0 s}{4}\right)\right\}.$$

Usando esta notação, obtemos finalmente uma solução para a equação não-estacionária (5) na forma

$$\Psi(t) = \gamma(t).$$

$\gamma(t)$ é representada graficamente na Fig.1.

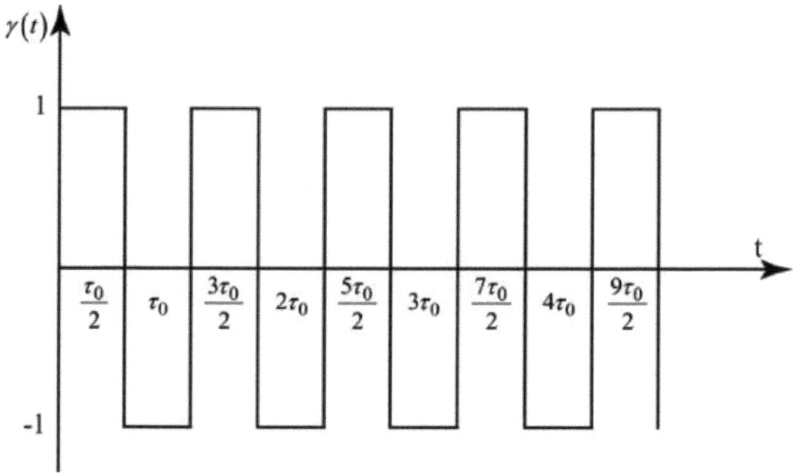

Fig.1. Espectro linear discreto da radiação γ.

A radiação gama é uma radiação electromagnética de onda muito curta com um comprimento de onda não superior a 10^{-2} nm. O espetro de linhas discretas da radiação $/(t)$ confirma a existência de níveis de energia discretos nos núcleos.

§7

Modelo de surgimento de partículas elementares a partir do vácuo

O vácuo físico está repleto de partículas virtuais; contém vários tipos de partículas elementares virtuais. O vácuo físico exerce uma pressão abrangente sobre qualquer partícula elementar, tanto à escala do Universo como em condições laboratoriais. Considera-se que, para qualquer tipo de vácuo, existe um comprimento de onda ressonante. Os dados apresentados mostram como a concentração de partículas elementares diminui acentuadamente com a mudança do tipo de vácuo. O presente trabalho mostra como o caminho livre dos neutrinos se altera significativamente em função da onda de ressonância de um determinado tipo de vácuo. A seguir, é construído um modelo baseado nos resultados deste trabalho, que mostra como as partículas elementares emergem do "nada" num campo elétrico forte.

Para determinar o gradiente do campo elétrico, onde as partículas reais emergem das partículas virtuais, utilizamos a fórmula (41) em vez do primeiro termo da expressão (42); e sem ter em conta o coeficiente $\frac{1}{2}$, , obtém-se

$$j\int_{\tau_0}^{n\tau_0}\left\{\pm\frac{1}{\varepsilon}\left[\sqrt{\frac{r+1}{2}}+j\sqrt{\frac{r-1}{2}}\right]-\frac{1}{\varepsilon}+\pi(2k+1)\right\}dx. \qquad (53)$$

Depois de multiplicar (53) por j , na fórmula (53), teremos partes imaginárias e não imaginárias separadamente

$$\int_{\tau_0}^{n\tau_0}\left\{-\frac{1}{\varepsilon}\left[\pm\sqrt{\frac{r-1}{2}}\right]+\left[\pm\frac{j}{\varepsilon}\sqrt{\frac{r+1}{2}}\right]-\frac{j}{\varepsilon}+j\pi(2k+1)\right\}dx. \qquad (54)$$

Se as partículas virtuais estiverem ausentes, na expressão (54) a soma dos coeficientes dos termos imaginários será igual a zero,

$$\frac{1}{\varepsilon}\left[\pm\sqrt{\frac{r+1}{2}}\right]-\frac{1}{\varepsilon}+\pi(2k+1)=0. \qquad (55)$$

Quando as partículas virtuais estão ausentes, temos apenas partículas reais. Como $r=\sqrt{1+\aleph^2F^2}$, da igualdade (55) segue-se que

$$\sqrt{1+\aleph^2F^2}=G(k), \qquad (56)$$

em que $G(k) = 1 - 4\pi\varepsilon(2k+1) + 2\pi^2\varepsilon^2(2k+1)_2$.

A partir da igualdade (56) encontramos o gradiente do campo elétrico, onde emergem as partículas reais

$$F(k)=\left|\pm\frac{1}{\aleph(k)}\sqrt{G(k)^2-1}\right|. \qquad (57)$$

O sinal do valor absoluto na fórmula (57) decorre de
4F

o facto de a expressão $\chi = \frac{4F}{\pi m(2k+1)}$ ser positiva e, consequentemente, $F > 0$.

Se tomarmos em consideração (55) na expressão (54) e considerarmos também as fórmulas (18a), (25), (40) e a denotação τ_0 (n -1)-*1* obtemos o resultado final do aparecimento de partículas reais a partir do "nada"

$$\Psi(k,t) = e^{\frac{t}{2\varepsilon}\sqrt{\frac{r(k)-1}{2}}}, \quad t = \text{const}.$$

O parâmetro k , onde as partículas elementares começam a emergir do vácuo, é determinado a partir da seguinte desigualdade

$$\frac{\tau_0\sqrt{\frac{r(k)-1}{2}}}{2\varepsilon} > 1.$$

§8

Modelo de Dualismo Corpuscular-Onda

Após o postulado de Planck sobre a natureza discreta da radiação de energia pelos átomos-osciladores (1900), a ideia de quantização foi desenvolvida por A. Einstein (1905). Este sugeriu que as propriedades quânticas são inerentes à luz em geral. A hipótese de Einstein indica que a luz deve ser considerada não como uma onda, mas como um fluxo de quanta (fotões) com a energia $E_0 = h\nu_0$[7] e o impulso $p = h\omega/c_0$[8] cada. Em termos de cognição, esta hipótese não aceitava a posição da física clássica sobre a diferença essencial entre a matéria e a radiação; afirmava o princípio fundamental da física do microcosmo da onda - é dado um modelo de dualismo corpuscular-onda. Obter um modelo matemático do dualismo corpuscular-onda. A hipótese do grande pensador tinha um valor teórico considerável.

Nesta secção, é resolvido um dos principais problemas deste trabalho - é apresentado um modelo do dualismo corpuscular-onda. Para obter um modelo matemático do dualismo corpuscular-onda, considere-se a função de onda de uma partícula elementar tendo em conta a expressão (53) e o coeficiente $\frac{1}{2}$ escrevendo-a como

$$\Psi(k,t) = e^{\frac{1}{2}\int_{\tau_0}^{n\tau_0}\left\{\pm\left[-\frac{1}{\varepsilon}\sqrt{\frac{r-1}{2}}\right]\pm\left[\frac{j}{\varepsilon}\sqrt{\frac{r+1}{2}}\right]-\frac{j}{\varepsilon}+j\pi(2k+1)\right\}dx}, \quad (58)$$

---

[7] h é a constante de Planck, ν_0 - a frequência da radiação electromagnética.

[8] c - a velocidade da luz no vazio, ω_0 - a frequência angular da radiação electromagnética.

em que $k = 1,3,5,...$

A energia potencial em que se encontra a partícula elementar é constante, ou seja, U = const. Isto significa que $r = 1$ e que o conteúdo dos primeiros parêntesis rectos é zero.

Se colocarmos um sinal de mais (+) à frente do segundo parêntesis na fórmula (58), obtemos uma função de onda sem uma partícula de massa, ou seja, um fotão

$$\Psi_0 = e^{j\frac{\pi}{2}(2k+1)t}. \qquad (45')$$

Se colocarmos um sinal de menos (-) à frente do segundo parêntesis em

(58), obtém-se a função de onda de uma partícula elementar de massa m

$$\Psi_1(k,t) = e^{-j\left[\frac{t}{\varepsilon} - \frac{\pi}{2}t(2k+1)\right]}. \qquad (59)$$

Introduzimos a notação

$$a = \frac{1}{\varepsilon},\ b = -\frac{\pi}{2}(2k+1). \qquad (60)$$

Tendo em conta estas designações, a função de onda (59) será escrita como

$$\Psi_1(k,t) = \left[e^{-j(a-b)}\right]^t. \qquad (61)$$

Utilizando a fórmula de Euler entre parênteses rectos, a função de onda (61) será dada por

$$\Psi_1(k,t) = \left[\cos(a+b) - j\sin(a+b)\right]^t. \qquad (62)$$

A transformação das funções trigonométricas e tendo em conta a notação (60) dá

$$\cos(a+b)=\cos a\cos b-\sin a\sin b=\sin a, \quad (63)$$

$$\sin(a+b)=\sin a\cos b+\cos a\sin b=-\cos a. \quad (64)$$

Tendo em conta as expressões (63) e (64) na fórmula (62), obtém-se

$$\Psi_1(m,t)=[\sin a+j\cos a]^t. \quad (65)$$

Uma vez que o tempo é discreto $t = (n - 1)\tau_0$, pode utilizar-se a fórmula de Moivre; em resultado, a fórmula (65) será escrita como

$$\Psi_1(m,t)=\sin(at)+j\cos(at). \quad (66)$$

Tendo em conta o facto de que apenas a parte real da função complexa tem significado físico, tendo em conta a designação (60) a fórmula (66) será dada por

$$\Psi_1(m,t)=\sin\left(\frac{1}{\varepsilon}t\right). \quad (67)$$

Para passar da fórmula (67) para a dualidade onda-partícula, é necessário utilizar a fórmula de Broglie

$$\lambda=\frac{h}{p}=\frac{h}{mV},^{8} \quad (68)$$

em que λ é o comprimento de onda.

Utilizando as fórmulas (68) e (67), a massa de uma partícula elementar pode ser eliminada. Substituindo-a pela velocidade dessa partícula -

partícula e determinando a massa $m=\frac{h}{\lambda V}$ a partir de (68) e Substituindo-o na fórmula (67), teremos

$$\Psi_1(V,t)=\sin\left(\frac{2\pi}{\lambda V}t\right)=\sin\left(\frac{\omega_0}{V}t\right), \qquad (69)$$

[8] λ é o comprimento de onda da partícula elementar; V - a velocidade de uma partícula elementar; p - o impulso de uma partícula elementar.

em que $\omega_0=\dfrac{2\pi}{\lambda}$ é a frequência angular.

Como para valores pequenos ℓ temos $\sin\ell\approx\ell,$, a fórmula (69) pode ser dada em duas expressões

$$\Psi_1(V,t)=\sin\left(\frac{\omega_0}{V}t\right), \qquad (69a)$$

$$\Psi_1(V,t)=\frac{\omega_0}{V}t. \qquad (70)$$

Se, nas fórmulas (69a) e (70), tivermos em conta a fórmula do fotão (45'), obtemos

$$\Psi(V,t)=\sin\left(\frac{\omega_0}{V}t\right)+\Psi_0, \qquad (69b)$$

$$\Psi(V,t)=\frac{\omega_0}{V}t+\Psi_0. \qquad (70a)$$

Uma vez que a fórmula (45') para o fotão Ψ_0 pode ser representada
em forma desdobrada no tempo, ou seja, na forma

$\gamma'(t)=\mathrm{L}^{-1}\left\{\frac{1}{s}\mathrm{th}\left(\frac{\tau's}{2}\right)\right\},$ então a onda (69 a) e orpuscular (70) das funções da equação de Schrödinger não estacionária (5) serão escritas do seguinte modo

$$\Psi(V,t)=\sin\left(\frac{\omega_0}{V}t\right)+\gamma'(t), \qquad (69c)$$

$$\Psi(V,t)=\frac{\omega_0}{V}t+\gamma'(t). \qquad (70b)$$

A fórmula (69c) corresponde ao movimento ondulatório da partícula e a fórmula (70b) ao movimento corpuscular. Assim, o movimento de uma partícula elementar pode ser visto a partir de duas posições: ondas e corpúsculos.

§9

Modelo de ondas gravitacionais

Embora a existência de ondas gravitacionais tenha sido prevista pela teoria geral da relatividade, a sua deteção só foi possível passados cem anos.

Em meados dos anos setenta do século passado, o problema da deteção indireta de ondas gravitacionais foi resolvido em [5]. No artigo, foi provada a relação probabilística (correlação) entre os sismos e as chamas que atravessam a cromosfera solar. Os estudos apresentados neste trabalho permitem:

1) Para verificar se as ondas gravitacionais existem;

2) Verificar que as ondas gravitacionais são constituídas por neutrinos, uma vez que os neutrinos atravessam livremente a Terra;

3) Verificar que as erupções na cromosfera solar mostram que as ondas gravitacionais são compostas de matéria, ou seja, de neutrinos que têm massa de repouso;

4) Para determinar a velocidade da onda gravitacionalet>; uma vez que a distância da Terra ao Sol é bem conhecida (l = 15 · 107 km), o tempo t de voo do aglomerado de neutrinos desde o momento do terramoto até ao momento das chamas na cromosfera, consequentemente, $\upsilon = \frac{l}{t}$.

5) Assim, torna-se claro que a onda gravitacional está associada à transferência de matéria sob a forma de um grande agregado de partículas elementares de neutrinos do mesmo tipo.

A necessidade de introdução de neutrinos foi determinada pela lei da conservação da energia no processo de $\beta^{\wedge r}$ - decaimento dos núcleos atómicos. W. Pauli sugeriu uma hipótese (em 1931-1932) sobre a existência de neutrinos. E. Fermi deu o nome de "neutrino" à partícula devido à ausência de carga e às suas dimensões muito pequenas. Também expressou a ideia de que o neutrino não se encontra numa "forma pronta" no núcleo de um átomo, mas que, de alguma forma, é instantaneamente formado a partir da energia do núcleo.

Os investigadores da composição dos raios cósmicos chegaram à conclusão de que toda a matéria ordinária do Universo é constituída por dois leptões mais leves, um eletrão e e um neutrino do eletrão ν_e[9].

Durante 30 anos após a descoberta do neutrino, acreditou-se que esta partícula tinha massa de repouso nula. Os trabalhos publicados na altura consideravam que as ondas gravitacionais transportavam energia e impulso, mas não tinham nada a ver com a transferência de matéria [6].

A cosmologia sabe que a massa total dos neutrinos no cosmos é muitas vezes superior à massa total dos objectos luminosos e, por conseguinte, o neutrino é o principal responsável pela gravidade cósmica [6].

Esta abundância de neutrinos no Universo criou os pré-requisitos para a criação de uma nova ciência - a astronomia de neutrinos. Consequentemente, a deteção de ondas gravitacionais pertence a essa ciência.

Finalmente, chegou o momento da deteção direta da onda gravitacional: ocorreu a 11 de fevereiro de 2016, quando dois detectores altamente sensíveis do observatório gravitacional

---

[9]Além disso, o índice e por ν_e será omitido. Para além do neutrino do eletrão ν, existem neutrinos τ e neutrinos μ, mas são raros. Consideramos todos os neutrinos como três estados de uma partícula. Isto é possível no caso em que as leis de conservação das cargas dos leptões são violadas.

LIGO, situados em Washington e no estado do Louisiana, registaram simultaneamente o sinal GW150914, com uma duração de cerca de 0,2 segundos.

Aceita-se a posição de que a estrutura do expoente da onda gravitacional coincide com a estrutura do expoente da onda partícula, ou seja, com a estrutura da função de onda (58). O valor da energia potencial constante U = const é o mesmo que no parágrafo anterior. No entanto,

o parâmetro ε tem um significado diferente, definido como

$$\varepsilon^* = \frac{\hbar}{M}.$$

A função de onda gravitacional tem a forma

$$\Psi(k,t) = e^{\frac{1}{2}\int_{\tau_0}^{n\tau_0}\left\{\pm\left[-\frac{1}{\varepsilon^*}\sqrt{\frac{r^*-1}{2}}\right]\pm\left[\frac{j}{\varepsilon^*}\sqrt{\frac{r^*+1}{2}}\right]-\frac{j}{\varepsilon^*}+j\pi(2k+1)\right\}dx}, \qquad (71)$$

onde

$$k = 1,2,3,\ldots,\ r^* = \sqrt{1+\chi^{*2}},\ \chi^* = \frac{4}{\pi M(2k+1)} \times \frac{dU}{dx},\quad M$$

- A massa do feixe de neutrinos é determinada a seguir.

Isto significa que $r^* = r = 1$ e que o conteúdo dos primeiros parêntesis rectos é zero.

Se colocarmos um sinal de mais (+) antes do segundo parêntesis na fórmula (71), obtemos uma função de onda sem uma partícula de massa, ou seja, um fotão

$$\Psi_0 = e^{j\frac{\pi}{2}(2k+1)}. \qquad (45'')$$

Se colocarmos um sinal de menos (-) à frente do segundo parêntesis, obtemos a função de onda da onda gravitacional

$$\Psi_1(k,t) = e^{-j\left[\frac{t}{\varepsilon^*}-\frac{\pi}{2}t(2k+1)\right]}, \qquad (72)$$

onde $t=\tau''(n-1)$.

Introduzimos a notação

$$a^*=\frac{1}{\varepsilon^*},\ b=\frac{\pi}{2}(2k+1). \qquad (73)$$

Tendo em conta estas designações, a função de onda (72) será escrita como

$$\Psi_1(k,t)=\left[e^{-j(a^*-b)}\right]^t. \qquad (74)$$

Utilizando a fórmula de Euler entre parênteses rectos, a função de onda (74) será dada por

$$\Psi_1(k,t)=\left[\cos(a^*-b)-j\sin(a^*-b)\right]^t. \qquad (75)$$

A transformação das funções trigonométricas e tendo em conta a notação (73) dá

$$\cos(a^*-b)=\cos a^*\cos b+\sin a^*\sin b=\sin a^*, \qquad (76)$$

$$\sin(a^*-b)=\sin a^*\cos b-\cos a^*\sin b=-\cos a^*. \qquad (77)$$

sin Í *a* - *b* J = sin *a* cos *b* - cos *a* sin *b* = - cos *a*

Tendo em conta as expressões (76) e (77) em
fórmula (75), obtém-se

$$\Psi_1(M,t)=\left[\sin a^*+j\cos a^*\right]^t. \qquad (78)$$

Uma vez que o tempo é discreto $t=(n\text{-}l)\tau_0$, pode utilizar-se a fórmula de Moivre; como resultado, a fórmula (78) será escrita como

$$\Psi_1(M,t)=\sin(a^*t)+j\cos(a^*t). \qquad (79)$$

Tendo em conta o facto de que apenas a parte real da função complexa tem significado físico, tendo em conta
A designação (73) da fórmula (79) será dada por

$$\Psi_1(M,t) = \sin\left(\frac{1}{\varepsilon^*}t\right). \quad (80)$$

O modelo acima descrito da função de onda de uma partícula elementar situada ao nível micro, pode ser utilizado (fórmula (80)) para modelar a onda gravitacional, uma vez que o neutrino pertence à classe das partículas elementares. Assim, o modelo da onda gravitacional é dado pela fórmula

$$\Psi_1(M,t) = \sin\left(\frac{M}{\hbar}t\right). \quad (81)$$

Se tivermos em conta a função de onda do fotão (45"), então a função de onda da onda gravitacional será escrita da seguinte forma

$$\Psi(M,t) = \Psi_1(M,t) + \Psi_0. \quad (82)$$

A fórmula (82) pode ser representada como

$$\Psi(M,t) = \sin\left(\frac{M}{\hbar}t\right) + \gamma''(t), \quad (83)$$

onde $y''(t)$ - a função gama com um espetro discreto; M é a massa relativística do feixe de neutrinos. O feixe de neutrinos é constituído por N - número de neutrinos do mesmo tipo; por conseguinte, a massa relativista do feixe de neutrinos é determinada do seguinte modo

$$M = \sum_{i=1}^{N} m_i = Nm, \quad (84)$$

onde m_i é a massa relativística de uma partícula de neutrino. A massa relativística de uma partícula de neutrino é determinada de acordo com a transformação de Lorentz

$$m = \frac{m_0}{\sqrt{1-\left(\frac{\upsilon}{c}\right)^2}} = \mu m_0, \qquad (85)$$

em que $\frac{1}{\sqrt{1-\left(\frac{\upsilon}{c}\right)^2}} = \mu$ é um parâmetro constante que depende da velocidade do neutrino, ^é a velocidade dos neutrinos; m_0, a massa de repouso do neutrino.

Assim, a massa relativística M do feixe de neutrinos é determinada de acordo com (84), tendo em conta a massa relativística da i-ésima partícula (85):

$M = N\mu m_0$.

Uma vez que para um valor pequeno £ temos sin ι ≈ *ι,* então para o sinal detectado, de acordo com a fórmula (83), obtemos

$$\Psi(M,t) = \frac{M}{\hbar}t + \gamma''(t). \qquad (86)$$

O que o Fermi Gamma-ray Space Telescope registou em 11.02. 2016 não deveria ser um <puzzle> [7], uma vez que o modelo de ondas gravitacionais (86) que obtivemos prevê a existência de raios gama $\gamma''(t)$ surgindo aquando da identificação de uma onda gravitacional [7].

Uma caraterística dos raios gama $\gamma(t),\ \gamma'(t),\ \gamma''(t)$ pode ser um intervalo diferente de discretização $\tau(\tau_0, \tau', \tau^*)$, ou seja, o intervalo de quantização destas radiações.

Portadores de interação

Entre os quatro tipos de interacções fundamentais (forte, gravitacional, fraca e electromagnética), apenas as partículas com carga eléctrica e os fotões - quanta de radiação electromagnética - participam na interação electromagnética. O fotão é um representante típico de uma nova e importante classe de micro-objectos - portadores de interação. A radiação $\gamma(t)$ é um tipo particular de radiação electromagnética. A radiação γ é emitida por núcleos atómicos excitados durante transformações radioactivas, reacções nucleares, fusão termonuclear, bem como outros processos.

Uma realização essencial do §1 foi a expansão do conceito de integridade do sistema, ou seja, a quanticidade de todo o sistema em relação ao sistema de observação. A razão para alargar o conceito de quantumidade foi a solução solitária da equação de Riccati, que satisfaz a dispersão condicional v do sistema de observação. A solução duvidosa da equação de Riccati (10) satisfaz a equação de Euler-Lagrange (0.1). Portanto, a solução encontrada é óptima para o problema colocado, em que o canal de observação pertence inteiramente ao sistema de observação. O facto da extensão do conceito de quantização era conhecido, mas a razão para a extensão do conceito de quantização não era compreensível.

O resultado principal do §2 é a afirmação do autor, segundo a qual ele possui o método de usar uma função generalizada para obter uma função de onda na resolução da Equação de Schrödinger, que pertence ao micro-nível da matéria.

Há dois resultados principais no §3. O primeiro resultado é a derivação da estrutura da solução da equação de Schrödinger não-estacionária (5). O segundo resultado é um modelo matemático para a implementação prática do algoritmo da função generalizada (20). Posteriormente, estes resultados, juntamente com as equações da mecânica estocástica, são usados para transferir a dispersão v e a difusão u para a classe das funções imaginárias, na qual temos um modelo para resolver a Equação de Schrödinger não estacionária.

Um resultado essencial do §4 pode ser considerado como a derivação de uma equação do tipo Riccati (28) para determinar a dispersão de uma partícula elementar situada ao nível micro da matéria. A solução da equação imaginária de

Riccati (28), dada no §5, tornou-se um prenúncio da realização do objetivo principal desta monografia: obter novos modelos do microcosmo físico e mostrar a sua optimalidade. A solução (18a) da equação de Schrödinger não estacionária (5) permite criar um modelo matemático da antipartícula (47). Esta questão é resolvida no §6. No mesmo parágrafo, mostra-se o processo de aniquilação que ocorre quando uma antipartícula colide com uma partícula. Para além da antipartícula e da partícula, ao resolver a equação de Schrödinger não estacionária, forma-se mais uma partícula, cuja função de onda não contém massa de repouso (45). Esta partícula, na física elementar de partículas, é designada por fotão: não participa no processo de aniquilação.

É sabido que as partículas elementares se formam a partir do vácuo físico num campo elétrico forte. A solução (18a) da equação de Schrödinger não estacionária (5) permite obter um modelo matemático do processo de formação de partículas elementares a partir do "nada". No §7, determina-se o gradiente do campo elétrico a partir do qual nascem (do vácuo) partículas elementares com uma certa massa. Este modelo utiliza o parâmetro k , que não tem dimensão. Embora o processo de formação de partículas elementares a partir do vácuo físico seja amplamente conhecido, muitos detalhes deste fenómeno permanecem desconhecidos. Eis o que diz o livro de Paul Davies "Superforce" - "O fenómeno do nascimento a partir do "nada" ocorre num campo elétrico suficientemente forte". Esta proposta não diz como a massa da partícula elementar formada afecta o gradiente de um "campo elétrico suficientemente forte". Assim, o modelo do gradiente (57) obtido no §7, de um campo elétrico forte, no qual as partículas elementares são formadas a partir do vácuo físico, esclarecerá muitas questões.

A utilização da solução (18a) da equação de Schrödinger não estacionária (5) juntamente com a fórmula de Broglie (68) permitiu obter um modelo matemático da dualidade onda-partícula no §8. De acordo com este modelo, a velocidade de movimento de uma partícula elementar determina a escolha entre uma onda e uma partícula.

Um problema importante de descrição de uma onda gravitacional é discutido no §9. A estrutura da onda gravitacional proposta neste parágrafo é a mesma do modelo de onda apresentado no §8. No entanto, desta vez a massa da partícula elementar foi substituída por um feixe constituído por neutrinos. Até à data, pensa-se que o neutrino tem uma massa de repouso diferente de zero. A massa de um feixe constituído por neutrinos individuais é utilizada em vez da massa de uma partícula elementar individual no modelo de ondas gravitacionais (86).

O facto de o método exato de resolução do problema ser preferível ao método aproximado é um facto indiscutível. Neste caso, a importância do método exato é reforçada pelo facto de a solução da equação de Schrödinger não estacionária dar à ciência física quatro novas direcções no conhecimento do microcosmos físico (ver Fig. 2).

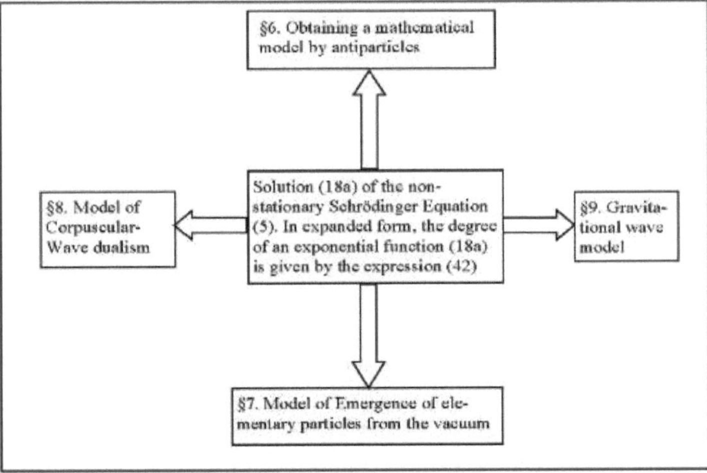

Fig. 5. Diagrama de blocos das novas direcções obtidas através da solução (18a) da equação de Schrödinger não-estacionária (5).

REFERÊNCIAS

1. Matveev, A.N. (1989) Física Atómica. Escola Secundária, Moscovo.

2. Bryson, A. e Ho Y-Shi (1975) Applied Optimal Control. Taylor and Francis, Boca Raton.

3. Mdzinarishvili, V.V. (2014) Novos Aspectos da Moderna Teoria dos Sistemas Auto-Organizadores e Organizadores. Boletim da Academia Nacional de Ciências da Geórgia, Tbilisi, Geórgia.

4. Mdzinarishvili, V.V. (2022). Novos modelos do microcosmo físico e sua otimalidade. Revista da Biblioteca de Acesso Aberto, vol. 9.

5. Shpitalnaya, A.A., Vasilieva, G.Y e Pystina, N.S. (1975) On the Possibility of Influence of Gravitational Waves on the Earth and the Sun. In: Ogorodnikov, K.F. ed., Dynamics and Evolution of Star Systems, USSR Acad.Sci., Leningrad, Moscow, p.129.

6. Wheeler, JA., (1957) Gravitation, Neutrino and Universe. Annals of Physics, 2, p. 604-614.

7. Pirtskhalava D. A new bridge to the invisible world (Uma nova ponte para o mundo invisível). J. Liberali #168, março, 2016 (em georgiano).

[2] X1 + $16v^4$.

Printed by Books on Demand GmbH, Norderstedt / Germany